AF453094

INVENTAIRE
S 34156

LOS PARAMIENTOS

DE LA CAZA

OU RÈGLEMENTS

SUR LA CHASSE EN GÉNÉRAL

PAR

DON SANCHO LE SAGE

ROI DE NAVARRE

PUBLIÉS EN L'ANNÉE 1180

Avec Introduction et Notes du traducteur

Prix : 2 francs

PARIS

LIBRAIRIE CENTRALE D'AGRICULTURE ET DE JARDINAGE

RUE DES ÉCOLES, 62, PRÈS LE MUSÉE DE CLUNY

— AUGUSTE GOIN, ÉDITEUR —

LIBRAIRIE CENTRALE D'AGRICULTURE ET DE JARDINAGE

Rue des Écoles, 82, près le Musée de Cluny, à Paris

— Auguste GOIN, éditeur —

CHASSE, CHEVAUX, CHIENS

OISEAUX DE CHASSE ET DE VOLIÈRE, etc.

ALOUETTE. — De la chasse de l'alouette au miroir avec le fusil, par Nérée Quépat. 1 vol. in-18, orné de gravures. 1 50

BÉCASSE. — Le chasseur à la bécasse, par Polet de Faveaux (Sylvain). 1 vol. in-18, orné de 35 figures dans le texte. 3 50

CAILLES, PERDRIX, COLINS OU CAILLES D'AMÉRIQUE. — Guide pratique pour les élever, etc., par Allary. 1 vol. in-18, fig. 1 50

CHASSE. — Carnet de chasse. In-18 oblong, cart. toile angl. 2 50

CHASSE. — Pratique de la chasse, par J.-A. Clamart, 2e édit. 1 vol. in-18, fig. de Ch. Jacque, Pizetta, Yan'dargent, etc. 3 50

CHASSE A COURRE ET A TIR. — Nouveau traité, par le baron de Lage de Chaillou, A. de la Rue et le marquis de Cherville. 2 vol. in-8, avec figures par Ch. Jacque, Pizetta, Yan'dargent, etc. 20 »
Le Même, imprimé sur papier vergé. 40 »

CHASSE A TIR ET A COURRE. — Du droit de suite et de la propriété du gibier tué, blessé ou poursuivi, par Alexandre Sorel, juge au tribunal civil de Compiègne, etc. 2e édit. mise au courant de la jurisprudence. 1 vol. in-18. (*Sous presse.*)

CHASSE AU CHIEN D'ARRÊT. — Gibier à plumes, par Chenu. 1 vol. in-18, orné de 89 planches et de 19 vignettes, représentant 300 sujets divers. 3 50

CHASSE AUX CHIENS COURANTS ou VÉNERIE NORMANDE (*L'Ecole de la*), par Le Verrier de la Conterie. 1 vol. in-8. 6 »

CHASSE AUX PETITS OISEAUX. — Manuel du tendeur, par Crahay, 2e édit. 1 vol. in-18, orné de fig. 1 50

CHASSE DE GASTON PHŒBUS (*La*), comte de Foix, envoyée par lui à messire Philippe de France, duc de Bourgogne, collationnée sur un manuscrit ayant appartenu à Jean Ier de Foix, avec des notes et la vie de Gaston Phœbus, par Joseph Lavallée. 1854. 1 vol. in-8, orné de 13 fig. 20 »

NOTA. — Tous les ouvrages faisant l'objet de ce prospectus sont expédiés *franco*, aux prix marqués, sur demande *affranchie*. — Joindre à la demande un mandat-poste au nom de M. GOIN, éditeur. — Le Catalogue complet de la Librairie est envoyé *franco* sur demande *affranchie*. — Je me charge de fournir tous les ouvrages anciens et modernes sur l'AGRICULTURE et le JARDINAGE, le DROIT, la MÉDECINE, la LITTÉRATURE et les SCIENCES DIVERSES.

CHASSE ROYALE (*La*), divisée en quatre parties qui contiennent les chasses du Cerf, du Lièvre, du Chevreuil, du Sanglier, du Loup et du Renard, etc., par messire Robert DE SALNOVE. 1 vol. gr. in-8, papier fort. 25 »

LE MÊME, papier ordinaire. 15 »

CHASSEURS. — Conseils aux chasseurs. Manière de peupler et d'entretenir une chasse de menu gibier ; élevage du gibier, etc., par BEMELMANS. 1 vol. in-18, avec fig. 3 50

CHASSEUR INFAILLIBLE (*Le*). — Guide complet du sportsman, contenant l'usage du fusil, le tir, le vol des oiseaux, le dressage des chiens, par MARKSMAN, traduit de l'anglais sur la 3e édition par Ch. KERDOEL, augmenté d'un appendice sur le tir des oiseaux de marais et du gibier de mer. 1 vol. in-18, fig. 3 50

CHIENS.—Les maladies des chiens et leur traitement, par HERTWIG, 2e édit. 1 vol. in-18. 3 50

CHIEN DE CHASSE (*Du*). — Chiens d'arrêt, espèces et variétés, élevage, nourriture, maladie, dressage, extrait du *Nouveau Traité des chasses à courre et à tir*. 1 vol. in-18, orné de 15 fig. 2 50

LE MÊME, imprimé sur papier vergé. 5 »

CHIEN DE CHASSE (*Du*). — Chiens courants, espèces et variétés, élevage, hygiène, nourriture, maladies, éducation, dressage, extrait du *Nouveau Traité des chasses à courre et à tir*. 1 vol. in-18, orné de 17 figures et d'un plan de chenil chromo-lithographié. 3 50

LE MÊME, imprimé sur papier vergé. 7 »

COQ DE BRUYÈRE (*La chasse au*). — Histoire naturelle, mœurs, lieux habités par ces oiseaux. L'art de les chercher, de les tirer, de les élever en volière, par Léon DE THIER. 1 vol. in-18. 2 50

DOMMAGES AUX CHAMPS CAUSÉS PAR LE GIBIER, *lapins, lièvres, sangliers, etc.* De la responsabilité des propriétaires de bois et forêts et des locataires de chasses, par A. SOREL, juge au tribunal civil de Compiègne, etc., 2e édit. revue et augmentée. 1 vol. in-18. 3 50

FAISAN (*Du*) considéré dans l'état de nature et dans l'état de domesticité, par Léon BERTRAND, suivi d'instructions pratiques pour l'établissement d'une faisanderie et l'éducation des faisans, par A. ROUZÉ, ex-garde faisandier. 1851. Brochure in-8 de 32 pages, fig. 3 50

FAISANS, CANARDS MANDARINS, CYGNES, ETC. —Guide pratique pour les élever, par Arthur LEGRAND. 1 vol. in-18, avec fig. 2 »

FAISANS ET PERDRIX. — Alimentation publique ; repeuplement des chasses ; agrémentation des habitations. Nouvelle méthode d'élevage, par E. LEROY. In-18 de 176 pages, accompagné de 6 pl. 3 50

OISEAUX DE VOLIÈRE (*Manuel de l'amateur des*), ou Instruction pour connaître, élever, conserver et guérir toutes les espèces d'oiseaux que l'on aime à garder en volière ou dans la chambre, par BECHSTEIN. Nouv. édit. 1 vol. in-18, orné de fig. dans le texte. 3 50

VÉNERIE. — Traité de vénerie, par D'YAUVILLE. 1859. 1 vol. grand in-8, papier vélin, orné de 4 grandes gravures hors texte, de 9 fig. médaillons, et accompagné de 42 fanfares. 25 »

CHEVAL. — Manuel hippique sommaire de l'éleveur-cultivateur. Enseignement professionnel dédié aux élèves adultes des Écoles rurales, par Paul BASSERIE, lieutenant-colonel de cavalerie, 2e édit. 1 vol. in-18. 1 »

TABLE DES CHAPITRES.

Le bon cheval. — Extérieur. — De l'influence des dispositions de l'écurie sur la conformation des élèves. — Influence de la nature du sol végétal sur la production fourragère, en vue du développement des élèves. — Influence du parcours en liberté sur l'avenir du poulain. — Comment le poulain doit être choisi par l'éleveur. — Ce qu'il faut éviter et ce qu'il faut faire pour obtenir de bons poulains. — Alimentation du poulain après la naissance. — De la ferrure. — De la première éducation au travail.

CHEVAL DE SERVICE. Production, élevage et dressage, par Ephrem HOUEL, inspecteur général honoraire des haras. 1 vol. in-18. 1 »

TABLE DES CHAPITRES.

De la production. — Du cheval de trait, — de carrosse, — de selle. — Principes généraux de la production. — De l'élevage. — Considérations générales. — Le cheval de trait, — de carrosse, — de selle. — Du dressage. — De l'équitation. — Principes du dressage à la selle. — Dressage à la voiture.

CHEVAL EN FRANCE (*Le*), depuis l'époque gauloise jusqu'à nos jours, par Ephrem HOUEL. 1 vol. in-8. 3 »

Ire PARTIE. — *Géographie hippique de la France.*

Coup d'œil général. — Normandie. — Bretagne. — Limousin. — Anjou. — Poitou. — Perche. — Lorraine. — Lyonnais et Bourbonnais. — Boulonnais. — Blaisois et Berri. — Navarre. — Établissements de chevaux de pur sang.

IIe PARTIE. — *Institutions hippiques.*

Époque gauloise et gallo-romaine. — Moyen âge. Charlemagne. — Renaissance. François Ier. — Établissements de haras nationaux. Louis XIV. — Restauration des haras. Napoléon Ier. — Réunion des haras au service du grand-écuyer. — Dépôts d'étalons. — Étalons approuvés et autorisés. — Primes aux poulinières. — Écoles de dressage. — Courses. — Concours de chevaux dressés.

CHEVAUX. — Conseils aux acheteurs de chevaux, ou Traité de la conformation extérieure du cheval à l'état de santé ou de maladie, avec de nombreuses instructions pour l'appréciation, avant la vente, des vices, défauts, affections, etc., suivi de la loi sur les vices rédhibitoires et la garantie du vendeur, par John STEWART, traduit de l'anglais par le baron D'HANENS. 1 vol. in-18, fig. 3 50

CHEVAUX. — Conseils aux éleveurs de chevaux, par Charles DU HAYS. 1 vol. in-16, fig. 3 50

TABLE DES CHAPITRES.

Conditions de l'élevage. — Élevage rémunérateur et élevage besoigneux. — Où doit-on faire naître, où doit-on élever? — Se garder de l'amour et de la mode du croisement. — De quelle façon élève-t-on dans les pays d'herbages, ber-

ceaux du cheval de grand luxe ? — A quel prix revient un cheval de quatre
ans élevé sans rien faire ? — A quel prix revient un cheval élevé en travail-
lant ? — A quel âge et comment doit-on commencer à faire travailler les poulains? — Quels terrains conviennent à l'élevage du cheval ? — Nature des
herbages. — Du foin. — Choix des juments. — De l'appareillement. — Choix
de l'étalon. — De l'appareillement. — De la saillie. — Traitement des étalons.
— Soins à donner aux poulinières et aux poulains. — Des médicaments pré-
ventifs. — Sevrage des poulains. — Traitement contre les vers. — De l'usage
de l'avoine chez les poulains. — La bonne nourriture et l'avoine grandissent
plus sûrement une race que les croisements. — Hygiène des juments. — Hygiène
des poulains après le sevrage. — Éducation des jeunes poulains. — Soins à
donner aux pieds des poulains. — De la gourme. — De l'administration des
remèdes et particulièrement des bols. — Changement de place pour les poulains. — De l'alimentation. — Hygiène des chevaux. — De la ferrure et des
maladies du pied. — Traitement préventif et ferrure à appliquer aux poulains
et chevaux cagneux et panards, à ceux dont les jarrets sont affectés d'éparvins
et de jardons. — De la nourriture. — Réglementation des repas. — Du foin.
— De la paille. — De l'avoine. — De l'orge. — De la farine d'orge. — Du son.
— Des maschs. — Liste des plantes fourragères que l'on doit placer au premier
rang dans la composition des prairies. — Soins à donner aux animaux ma-
lades. — De l'âge des chevaux. — Des écuries. — Construction des écuries. —
Pavage des écuries. — Aération des écuries. — Du pansage. — Boissons. —
Du dressage des poulains. — Dressage des poulains de trait. — Dressage des
poulains de sang destinés à l'attelage. — Dressage des poulains de chasse et
de selle. — De l'époque du ferrage. — Application des prescriptions précé-
dentes à l'élève du cheval de service.

CHEVAUX DE CHASSE. — Leur condition en France, par le comte
Le Couteulx de Canteleu, 2ᵉ édit. 1 vol. in-18.   1   »

TABLE DES CHAPITRES.

La condition. — Comment s'use le cheval de chasse. — Mise en condition. —
Pansage et entretien des membres. — Nourriture suivant les différents tem-
péraments des chevaux. — Chevaux qui se nourrissent trop. — Chevaux qui
ont de la disposition à la toux et à la gêne dans la respiration. — Des pieds
et de la ferrure. — Chevaux difficiles à ferrer. — Traitement des différents
accidents. — Considérations générales.

ÉCURIE. — Économie de l'écurie. Traité de l'entretien et du
traitement des chevaux (écurie, pansage, nourriture, boisson, travail), par John Stewart, traduit de l'anglais sur la 7ᵉ édition, par
le baron d'Hanens. 1 vol. in-18, orné de fig.   3 50

FERRURE DU CHEVAL (*La*). — Organisation, maladies et hygiène
du pied, par L. Goyau, professeur d'hippologie à l'École Saint-Cyr.
1 vol. in-18, orné de 88 fig.   3 50

TABLE DES CHAPITRES.

Le pied du cheval. — La nature à l'œuvre. — La ferrure. — Le meilleur système
de ferrure. — Puissance du maréchal sur le pied. — Affections diverses. —
État actuel de la maréchalerie en France. — La vérité en maréchalerie. —
Médecine. — Hygiène.

MÉDECINE VÉTÉRINAIRE. — Manuel de médecine vétérinaire, par
Verheyen, Defays et Husson, 2ᵉ édit. 1 vol. in-18.   3 50

——— Paris. — Imprimerie Viéville et Capiomont, rue des Poitevins, 6. ———

LOS PARAMIENTOS

DE LA CAZA

OU RÉGLEMENTS

SUR LA CHASSE EN GÉNÉRAL

PROPRIÉTÉ DE L'ÉDITEUR

Reproduction même partielle interdite

PARIS. — IMPRIMERIE DE E. MARTINET, RUE MIGNON, 2

LOS PARAMIENTOS

DE LA CAZA

OU RÈGLEMENTS

SUR LA CHASSE EN GÉNÉRAL

PAR

DON SANCHO LE SAGE

ROI DE NAVARRE

PUBLIÉS EN L'ANNÉE 1180

Avec une Introduction et des Annotations du traducteur

BIBLIOTHÈQUE NATIONALE — IMPRIMÉS

PARIS

LIBRAIRIE CENTRALE D'AGRICULTURE ET DE JARDINAGE

RUE DES ÉCOLES, 62, PRÈS LE MUSÉE DE CLUNY

— AUGUSTE GOIN, ÉDITEUR —

A Monsieur le baron Marc de Lassus, député de la
· Haute-Garonne, à l'Assemblée nationale.

MONSIEUR LE BARON,

Los Paramientos de la Caza, de Sancho le Sage, roi
de Navarre, étaient enfouis dans les Archives provinciales de Pampelune, depuis la fin du XIIe siècle.
Copiés sur l'original et traduits en français, c'est la
première fois que par mes soins ils auront été publiés.

Vous êtes l'héritier d'une des plus anciennes familles
de nos contrées Pyrénéennes; bibliophile éclairé, vous
avez su réunir une précieuse collection de Livres et de
Documents sur l'histoire du midi de la France. Il ne
manque à ce petit Traité sur la chasse pendant le moyen
âge que de paraître sous vos auspices.

J'ai l'honneur, Monsieur le Baron, de vous en offrir
la Dédicace.

Permettez-moi seulement de regretter que cet hommage ne se borne, dans cette publication, qu'à ma part
bien modeste de traducteur et d'annotateur; mais j'espère que, grâce au livre en lui-même, vous daignerez
l'accueillir favorablement.

Veuillez agréer, Monsieur le Baron, l'expression des
sentiments respectueux avec lesquels je suis

Votre très-humble et dévoué serviteur,

H. CASTILLON (d'Aspet).

Paris, le 22 juillet 1871.

INTRODUCTION

Don Sancho VI, dit le *Sage* et le *Savant* (SABIOS)[1], succéda à son père Garcias IV, roi de Navarre, le 5 janvier 1150 et mourut au mois de décembre 1194. Il était petit-fils de Sancho III dit le *Grand* qui s'intitulait roi de Navarre, de Cantabrie, d'Aragon, de Sobrarbe, de Castille et *Em-*

---

[1] *Sabios* signifie *sage* et *savant* indistinctement. Aussi les historiens espagnols lui donnent-ils les deux qualifications à la fois.

pereur. Aussi, dans tous les protocoles de ses chartes, don Sancho VI a-t-il le soin de joindre à la qualification « de roi de Navarre par la grâce de Dieu », celle de *yerno del Emperador* (petit-fils de l'Empereur). Ajoutons qu'il eut un fils qui lui succéda sur le trône et mourut sans enfants, et deux filles : *Bérangère*, mariée à Richard Cœur-de-Lion, roi d'Angleterre, et *Blanche* qui épousa Thibaut III, comte de Champagne, qui devint roi de Navarre après la mort de son beau-frère. C'est par ce Thibaut (*Tibalth*), qui s'intitulait « roi de Navarre, comte Palatin, de Champagne et de Brie, » que les anciens rois de France ont commencé à exercer des droits de suzeraineté sur la Navarre, et qu'ils ont réuni au titre de rois de France celui de *rois de Navarre.*

De tous les souverains de la Navarre, après Sancho le *Grand,* celui qui a rendu cet État le plus riche et le plus prospère fut sans contredit don Sancho le *Sage.*

Législateur, il pacifia et organisa ce pays de montagnes que des guerres continuelles et des dissensions sans nombre entre les grands seigneurs de la contrée avaient plongé dans la plus complète anarchie. Par ses *Fueros* [1], le monument le plus curieux de la législation qui a régi la Navarre jusqu'en 1812, il a mérité la reconnaissance des Navarrais et des Basques qui le regardent encore aujourd'hui comme le fondateur de leurs franchises et de leurs libertés, en un mot, de leurs institutions nationales.

C'est dans la collection des *Fueros* que se trouvent les *Paramientos de la caça* [2] que nous publions aujourd'hui. Le manuscrit inédit est bien le traité le plus complet et le plus ancien qui existe sur la chasse et sur sa réglementation, pendant

---

[1] *Fueros*, ce mot signifie : *Lois, convention, obligation, ordonnances, règlements*, etc., selon la matière à laquelle on l'applique. C'est un terme générique.

[2] *Paramientos* signifie ici *règlements, ordonnances et prescriptions.*

le moyen âge. Il suffit, au reste, pour s'en convaincre, de passer en revue les documents qui sont parvenus à notre connaissance et dont la date est la plus reculée, tels que les Ordonnances des rois de France et le livre des *Déduicts de chasse* de Gaston Phœbus.

Le titre législatif le plus ancien que nous ayons en France sur la chasse date du mois de juin 1321 ; il est donc postérieur d'un siècle et demi aux *Paramientos* du roi de Navarre ; ce sont les lettres confirmatives des comtes d'Anjou, accordant aux propriétaires des environs d'Angers, moyennant une redevance, le droit de « chasse sur les bêtes sauvages et les » oyseaux, à l'exception de ceux de proie, » tels que faucons et gerfauts ». Il est à remarquer que ce n'est là qu'une charte particulière.

Le 7 septembre 1393, d'autres lettres portent qu'on ne pourra chasser dans les forêts royales qu'en vertu de lettres du roi. C'est à la suite de ces dernières que fut érigée la charge de grand-veneur. Avant la création de cet office, l'inspection des forêts appartenait au maître de la vénerie ou maître-veneur.

Une Ordonnance du 28 mars 1395 révoque toutes les commissions données par le roi pour prendre loups dans *tout le royaume*. De même, elle « défend à tous » veneurs et fauconniers, à qui qu'ils » soient, au roi ou aux grands seigneurs », de se faire nourrir, héberger, eux, leurs valets, chevaux, chiens et oiseaux, aux frais des habitants et sans rien payer [1].

Cette Ordonnance et les lettres qui précèdent ne sont que des chartes spéciales qui ne visent pas encore une réglementation générale sur la chasse. C'est l'année suivante que fut remplie cette lacune.

---

[1] A cette époque 1395, la chasse était si peu réglementée, que les gens du Roi et des grands Seigneurs qui « *allaient en vénerie*, dit Favya, se livraient à toutes sortes de pilleries et d'excès à l'égard du *pouvre peuble*. »

L'Ordonnance du 10 janvier 1396 interdit la chasse aux non nobles, autres que les ecclésiastiques et bourgeois vivant de leurs possessions (c'est-à-dire, propriétaires), et permet aux laboureurs de *chasser*[1] les bêtes de leurs récoltes, mais toutefois sans les tuer. Après les Établissements de saint Louis qui interdisaient la chasse dans les garennes des grands seigneurs, cette Ordonnance est la première loi générale qui interdise la chasse sur son terrain. Les *Paramientos* l'avaient donc devancée de deux siècles.

Il est à remarquer que dans tous ces actes législatifs, il n'est rien dit sur la réglementation en elle-même de la chasse. Il faut, pour cela, arriver au règne de Louis XIV dont nous n'avons pas à nous préoccuper ici.

Le livre des *Déduicts de chasse* de

[1] Le mot de *chasser* est pris pour *éloigner, expulser, renvoyer au loin*. Il semblerait être, au premier abord, un affreux calembour commis par le rédacteur de l'Ordonnance.

Gaston Phœbus, comte de Foix et vicomte de Béarn, a été composé quelques années avant que parût l'Ordonnance de 1396 qui est la base de la législation sur la chasse en France. Sous ce rapport, il la complète. Les *Déduicts* sont, en effet, un traité sur la matière que la législation n'avait fait qu'effleurer au moyen de priviléges ou de prohibitions.

En comparant les *Déduicts de chasse* du comte de Foix avec les *Paramientos* du roi de Navarre, on est frappé de la ressemblance qui existe entre ces deux écrits. Gaston Phœbus semble avoir sinon imité le livre du souverain espagnol, du moins, lui avoir emprunté un grand nombre de ses passages. Il n'est pas même jusqu'au ton et à la forme des *Paramientos* qui ne se reflètent dans l'ouvrage du comte de Foix.

Ainsi, les mots empruntés à la langue espagnole sont en très-grand nombre dans les *Déduicts de chasse* de Gaston

Phœbus. Nous ne citerons que les suivants : *traulla* qui signifie la piste du gibier et dont il a fait *trauller*, battre avec les chiens pour lancer un animal ; *ressachier* employé pour retirer, vient du mot espagnol *sacar*, tirer ; le mot de *peuple*, dont il se sert souvent pour indiquer des villages, a le même sens que le mot espagnol *pueblo*, lieu habité. *Naiges*, pour *fesse*, vient de l'espagnol *nalgas* qui a la même signification. *I qui*, pour *ici*, est le mot espagnol *aqui*. *Espare*, pour épouvante, vient de l'espagnol *espaviento*. Nous pourrions citer des milliers d'autres mots que Gaston Phœbus emprunte à la langue espagnole et qui sont fréquemment en usage dans les *Paramientos*.

Faut-il conclure que Gaston Phœbus ait été le plagiaire de l'écrit de don Sancho le *Sage*? Telle n'est pas notre pensée. Mais ce qui nous porte à croire qu'il le connaissait, c'est qu'ayant épousé *Agnès*, sœur de Charles II, dit le Mauvais, roi de Navarre, il a dû se rendre plusieurs fois à Pampelune, capitale de ce royaume, où il a pu prendre connaissance des *Paramientos* transcrits sur le grand-livre en parchemin des *fueros*, déposé aux archives du château. Ce qui est présumable.

A cette connaissance de l'écrit, il faut ajouter que Gaston Phœbus, dont les frontières de ses comtés touchaient à la Navarre, n'ignorait pas la manière de chasser pratiquée dans les montagnes de l'État voisin. Grand chasseur lui-même « devant Dieu et devant les hommes », comme il le dit dans son livre, il est probable qu'il en appliquait les préceptes par tradition, tout en les modifiant à sa convenance et selon la topographie cynégétique de ses États.

Quoi qu'il en soit, l'écrit du roi navarrais se distingue de celui du comte de Foix par l'ordre et le classement des matières qui font défaut au dernier livre [1].

---

[1] Les *Déduicts de chasse* de Gaston Phœbus ont été

Voici, du reste, dans quel ordre sont classées les matières renfermées dans *los Paramientos* :

I. Des préliminaires de la chasse.

II. Des armes usitées dans les diverses chasses ; du costume des chasseurs, hommes nobles et *villanos*[1] qui doivent y concourir ; et de l'ordre à suivre dans la conduite de la chasse.

III. De la composition des meutes et des *costieros* (gardes, valets) qui les accompagnent.

IV. Des grandes et petites chasses ; des bêtes féroces et fauves, des volatiles.

V. Manière de dresser le faucon et l'*aztor*.

VI. Comment doit se pratiquer la chasse

imprimés en 1529 à Paris, en un format in-12. Ce livre est très-rare ; il en existe un seul exemplaire à la Bibliothèque nationale où on le communique avec beaucoup de difficultés.

[1] Ce mot de *Villanos*, habitants de villages *(pueblos)*, c'est à dire *travailleurs*, n'a pas la signification que l'on donnait, en France, à celui de *Vilain*.

royale et celle des grands seigneurs (*Ri-chombres*).

VII. Cérémonies qui terminent les grandes chasses.

VIII. Enfin, Ordonnances qui concernent les chasses en général.

Los Paramientos sont, comme on le voit, un traité complet sur la chasse telle qu'on la pratiquait à la fin du xiie siècle. Sous ce rapport, ils doivent offrir un certain intérêt à l'amateur de la chasse, au bibliophile et à l'historien. Inutile d'ajouter que la traduction que nous en donnons et les annotations qui l'accompagnent sont d'une scrupuleuse exactitude.

H. CASTILLON (D'ASPET).

LOS PARAMIENTOS

DE LA CAZA

OU RÈGLEMENTS

SUR LA CHASSE EN GÉNÉRAL

CHAPITRE PREMIER

DES PRÉLIMINAIRES DE LA CHASSE

CÉRÉMONIE RELIGIEUSE

« Sachent tous que Nous, don Sancho,
» par la grâce de Dieu et la volonté de
» mon peuple, roi de Navarre et petit-fils
» (*yerno*) de l'Empereur, avons établi *los*
» *paramientos* (règlements) suivants, con-
» cernant la chasse, afin que tous nos
» peuples (*pueblos*) s'y conforment et qu'ils
» soient observés pendant tous les temps
» (*por todos los tiempos*), ainsi qu'ils sont

» mentionnés dans le présent écrit (*cart*),
» scellé de notre sceau. »

La veille du jour fixé pour la grande chasse royale que nous conduisons en personne, à moins de légitime empêchement, qui est au mois de novembre de chaque année, les *richombres*, *fidalgos*, *labradores* et *villanos* [1] que nous aurons convoqués par notre *apeyllido* [2], se trouveront réunis, à trois heures du soir, sur la place de l'église de Sainte Marie de Pampelune, et ce dans l'ordre suivant :

Les richombres et les chevaliers (*cabayl-leros*), armés et en costume de chasse, suivis

[1] Les *Richombres* composaient les familles les plus nobles et les plus riches du royaume ; ils formaient le Grand-Conseil *(cort)* du Roi. — Les *Fidalgos* ou *Hidalgos*, appelés également *Infanzones*, appartenaient, après les Richombres, à la première noblesse du pays. — On appelait *Labradores* ceux qui étaient assujettis à une redevance soit royale, soit seigneuriale. — Les *Villanos* dont nous avons parlé étaient des travailleurs de terre, les mêmes que nous appelons en France les *Paysans*.

[2] *Apeyllido* signifie *appel*. Il y en avait de deux sortes : celui qui consistait à former un contingent pour la guerre, et celui qui avait pour objet de convoquer les habitants de certaines localités pour des cas spéciaux, notamment pour les chasses royales.

de leurs chevaux harnachés, de leurs chiens
couplés et de leurs *claveros* [1], se placeront
à droite, sous le péristyle du cloître de
l'église. Les *labradores* et *villanos*, également
ment armés et également habillés pour la
correria [2], se tiendront debout, à gauche,
de l'autre côté du cloître. Enfin, notre
alferez, le *mège* et nos *mesnaderos* [3] se
grouperont au milieu de la place, en face
le porche de l'église, autour de la *Sayna
Caudal* [4].

[1] Les *Claveros* appelés également *Caseros* étaient des
Villanos attachés à la personne des seigneurs qu'ils
suivaient dans toutes leurs expéditions. Ils étaient
exempts de tous autres services, obligations féodales, etc.

[2] Le mot *Correria* signifie *course, cavalcade*, marche
forcée, soit en temps de paix, soit en temps de guerre.
Dans ce dernier cas, les *Villanos* conduisaient les bagages. *Correria* est pris ici pour la chasse à laquelle ils
ne contribuaient que comme aides.

[3] *Alferez*, commandant en chef l'armée du Roi, grand
maréchal du Palais. — *Mège* était le médecin attaché à
la personne du Roi; il l'accompagnait dans toutes ses
expéditions. — *Mesnadero*, capitaine du Roi; il com-
mandait une compagnie et devait suivre le Roi dans
toutes ses campagnes. Plusieurs de ces officiers étaient
de service à la Cour.

[4] *Sayna Caudal*, oriflamme et étendard royal. On

Lorsque à quatre heures, les cloches annonceront la présence du clergé (*clerigo*) sur les premières marches du péristyle de l'église, notre étendard royal flottant au-dessus du cortége, tous les invités à la chasse mettront, à mon exemple, genoux en terre, pour recevoir la bénédiction du Ciel. Et pendant que l'évêque (*obispo*), répandra sur nous ses saintes bénédictions, chacun de nous récitera la prière de saint Isidore (*san Isidoro*) sur l'heureux succès de la chasse [1], après quoi, hommes et équipages se tenant debout,

employait simplement le mot de *Sayna* pour désigner les étendards que les seigneurs plaçaient sur leurs châteaux.

[1] Saint Isidore était pour les chasseurs espagnols ce qu'est saint Hubert pour les chasseurs français. Voici quelle était la prière récitée dans cette cérémonie : « Que » le Dieu d'Abraham et de Jacob nous guide dans notre » chasse. comme il guida Nembrod et ses enfants; qu'il » nous délivre de tous dangers et de tous périls, et qu'il » nous fasse revenir sains et saufs, vainqueurs des bêtes » féroces des bois. comme le fut Daniel dans la fosse » aux Lions. les chrétiens dans les cirques, etc... » Après le récit de cette prière. l'évêque parcourait les rangs des chasseurs en les aspergeant d'eau bénite, et leur donnant sa bénédiction

les trompes et les *ceilleros* [1] donneront le signal de la retraite du soir.

Les richombres, *fidalgos* et autres personnes du cortége du roi seront logés, pendant tout le temps de la chasse, dans les châteaux ou manoirs du roi ; les *labradores, villanos* et autres, dans le *corral* [2] de San Salvador. A dater de ce moment, et pendant trois jours, ils auront le *conducho*, la *comida* et la *condidura* de la *cena del rey* [3].

[1] Les *Ceilleros* étaient des joueurs d'un instrument assez ressemblant à la musette ou à la cornemuse, qu'on appelait *Bodega*.

[2] Le *Corral* était un vaste local où l'on enfermait les bestiaux qui étaient le produit des redevances *(prendas vivas)* que les Juifs, les Maures et autres corvéables payaient au Roi.

[3] Ces mots : *conducha, comida* et *condidura* signifient nourriture, aliments, avec cette différence que la *conducha* était un aliment chaud ; la *comida*, toute sorte de nourriture, sans distinction ; la *condidura* se composait, au contraire, de viande, d'une soupe avec du pain, de l'eau et du fromage. C'était la nourriture qu'on donnait aux journaliers. Quant à la *Cena del Rey*, c'était une contribution payée au Roi, soit en nature, comme blé, avoine, etc., soit en argent *(dinero)*.

Les sons de trompes (*troge*)[1] et les airs des *ceilleros* retentiront dans la ville et ses alentours, annonçant la fin de la cérémonie religieuse, et l'ouverture de la chasse aura commencé.

[1] La *trompe*, dont il est question ici, se composait d'une corne de bœuf très-recourbée et ouvragée, surtout celle des *Trogeros* du Roi. Un cercle d'or entourait l'embouchure de la corne; un autre cercle d'or garnissait son extrémité; un troisième cercle d'or enveloppait le milieu de la corne. A ce cercle se rattachait un anneau d'or qui servait, au moyen d'un cordon de soie *(ensay)*, à pouvoir la suspendre autour des épaules du musicien qui en jouait Les trompes des *trogeros* des grands seigneurs n'avaient pas la même richesse ni le même travail de sculpture.

CHAPITRE II

DES ARMES USITÉES DANS LES DIVERSES CHASSES
DU COSTUME DES CHASSEURS ET DE L'ORDRE A SUIVRE
DANS LA CONDUITE DE LA CHASSE

1º Des armes de chasse.

Sachent tous gens de la noblesse (*hidalguia*) et gens du peuple, *labradores* et
ruanos[1], que sont cy-dénommées les
armes usitées dans nos chasses royales et
seigneuriales pour prendre, blesser (*fiere*)
et tuer oiseau (*av*), bêtes petites et grosses,

[1] Les *Ruanos* étaient les habitants des villes, ouvriers
exerçant une profession quelconque. Ils occupaient dans
la société féodale un rang intermédiaire entre le bourgeois et le *Villano*.

féroces et sauvages, fauves et noires, à savoir :

Le pieu (*palo de hierro*), la lance (*lanza*), l'arbalète ou flèche (*zayeta*), le couteau de chasse (*cuchillo de caza*) et la massue (*clava*) [1].

---

[1] Le PIEU *(Palo de hierro)* était quelquefois en fer, pointu et aiguisé par le bout ; mais, le plus souvent, il était en bois de chêne *(madera)* dont l'extrémité seule était en fer. Sa longueur mesurait environ 1m,50. Son poids, lorsqu'il était en bois, variait de 1 à 2 kilogrammes. Une corde attachée à son extrémité servait à le retenir.

La LANCE *(Lanza)* se composait d'un bâton de cormier arrondi, de la longueur de 3 mètres environ, au bout duquel était emmanché un fer triangulaire, d'une longueur de 25 centimètres, dont la pointe était très-acérée.

L'ARBALÈTE *(Sayeta)*, formée d'un demi-cercle en fer élastique, au moyen d'une corde à boyau, lorsqu'il était tendu, s'adaptait sur une culasse en bois ayant une rainure profonde creusée sur toute sa longueur. C'est dans la rainure, en avant de la corde, qu'on plaçait un fer triangulaire très-acéré, emmanché au bout d'une baguette de bois. Une penne garnissait l'autre extrémité de la baguette. Le plus souvent cette penne était imitée en bois léger.

Le COUTEAU DE CHASSE *(Cuchillo de caza)* avait une lame de 50 centimètres de longueur, à deux tranchants et affilée, avec un manche en fer de 20 centimètres. On l'insérait dans une gaine ou fourreau en bois bizarrement sculpté selon le goût de son possesseur.

La MASSUE *(Clava)* se composait d'un manche en

Les chasseurs (*venadores*), qui doivent se conformer à nos préceptes (*fueros*), ne se serviront de l'*arbalète* que pour attaquer la bète à distance, lorsqu'elle est mise en arrêt par les chiens, ou qu'elle fuit et s'échappe tout près de lui, et non pour la forcer. Ils l'emploieront quand l'ours gît dans sa retraite, le sanglier dans sa bauge, et le chevreuil est à courre. Pas n'est besoin de s'en servir autrement.

Ils ne feront usage de la *lance* que pour achever la bète lorsqu'elle sera déjà blessée et se roule à terre.

De même, ils n'employeront le *pieu* et la *massue* que lorsque l'animal est dangereusement blessé et qu'il fait mine de vouloir se défendre encore. Ils les prendront alors des mains des *labradores* qui font auprès d'eux l'office de servants.

bois de chène. d'une longueur de 5o centimètres environ, à l'extrémité duquel se trouvait une grosse boule en fer. hérissée de cinq à six pointes également en fer. dont chacune avait une longueur de 15 centimètres environ. Une courroie attachée autour de la boule servait à la porter.

Il en est de même de la *massue* qui doit remplacer le *pieu* dans plusieurs cas déterminés, notamment quand il faut frapper l'animal sur la tête pour l'étourdir et l'abattre.

En outre, et pour se conformer à nos préceptes de vénerie, le chasseur habile et de sens rassis (*sosegado*) ne devra faire usage du *couteau de chasse* qu'il doit toujours porter avec lui, à moins de transgresser nos préceptes, que pour sa défense personnelle, lorsque l'animal, forcé, se jette sur lui et qu'il n'a pas le temps de faire usage de sa lance et des autres armes, ou bien que celles-ci ne sont pas à sa disposition.

Par nos prescriptions expresses que nos richombres, hidalgos et infanzones tiendront en haute et bonne considération, toutes ces armes : *pieux, lances, arbalètes, couteaux de chasse* et *massues,* seront tenues dans un état permanent d'entretien et de bonne conservation.

A ces fins, voulons et prescrivons que dans nos châteaux royaux ainsi que dans les châteaux, castels et manoirs seigneuriaux, soit spécialement affectée à l'entretien et à la bonne conservation des armes de chasse, une pièce spéciale appelée l'*arsenal des armes* (camara de las armas).

Et ce faisant, notre noblesse aura rempli les devoirs d'un prudent et sage veneur que Dieu et les hommes tiendront en très-haute estime au ciel et sur la terre.

2° Costumes de chasse.

Dieu tout-puissant, créateur de toutes choses, en permettant à l'homme de lignage de se livrer aux plaisirs de la chasse pour détruire les animaux nuisibles et malfaisants à ses vassaux, en même temps que pour développer les forces de son corps et travailler au salut de son âme, a voulu qu'il apportât dans cette œuvre la dignité et la sûreté de sa personne, ainsi qu'il convient au rang qu'il occupe par sa naissance.

Pour ce, nous avons établi les règles (*fueros*) suivantes relatives à son costume, afin de rendre sa personne digne de l'œuvre à laquelle l'a invité et que lui impose le divin Créateur.

Tout richombre, fidalgo et infanzon qui nous accompagnera à la chasse, ou même qui s'y livrera pour son compte, sur ses terres, portera l'habillement (*zurambre*) prescrit par ce *fuero,* soit d'abord le berret (*boina*) de couleur sombre pour couvrir sa tête, sans autres ornements ni ajustements qu'une jugulaire en cuir (*cuero*) pour le retenir sur son chef (*cabessa*).

Une cotte de maille enserrera la partie supérieure de son corps, par-dessus laquelle sera placé un justaucorps ou surtout (*sara*), serré à la taille par une ceinture (*fayssa*) de laine brune. Des hauts-de-chausses (*brayas*) de drap de laine (*pano de lana*), de couleur également sombre, couvriront le reste de son corps jusqu'au milieu des jambes, qui seront elles-mêmes recouvertes par des guêtres en cuir fort (*cuero de buey*). Des chaussures de cuir de buffle, s'ajustant au-dessous des guêtres, enfermeront ses pieds de manière à ne pas les gêner dans les étriers de la selle du cheval (*la silla del caballo*).

Les chevaux destinés à la chasse et que monteront nos richombres et infanzones (*gentilshommes*) de notre cortége, seront de race navarraise (*ginetes*), bons marcheurs, et dont le pied est exercé à gravir nos montagnes, franchir les torrents, et se glisser dans les sentiers des forêts. Une bride pour les guider et une simple housse (*cueyta*), avec des étriers (*estriveras*) [1], composeront tout leur harnachement.

---

[1] La *Cueyta* était une simple couverture jetée sur le cheval et serrée au moyen d'une sangle. — Les *Estriveras* formées d'un fer rond se rattachaient à une courroie qui elle-même faisait partie de la sangle.

Le costume des *labradores* et des *villanos* qui accompagnent la chasse se composera d'une *boina* grise de laine grossière, d'une casaque de peau de *matrinos* [1] avec son poil, de chausses de *fustania* [2] et des souliers ferrés.

Les *ʒagueros* [3] qui font le service commun de la chasse n'ont pas de costume particulier.

Tel est, afin que nul ne l'ignore, le costume prescrit par nos *fueros* et que nos grands seigneurs, gens de haute et basse noblesse, porteront en temps de chasse.

3° Ordre de la chasse.

Sont réglés, comme suit, l'ordre et la marche de la chasse, afin que nul, noble, *solirego* (vassal) ou *villano*, par sa faute,

---

[1] *Matrinos*, peaux de veau de lait.

[2] *Fustania*, toile de fil et de laine mélangés.

[3] *Zagueros* appartenaient à la dernière classe du peuple.

négligence ou mauvais vouloir, manque au départ ou au retour du cortége.

Au premier signal des trompes et des *ceilleros*, qui aura lieu à quatre heures du matin, les *zagueros* accompagnant les bêtes de somme, *azemblos* (mules), mulets et *garanos* (baudets), chargés de *las esportieyllas* (bagages et paniers d'osier) dans lesquels seront placés les armes de chasse et les vivres (*nafagas*), se dirigeront, sous la conduite d'un *prestamero*[1], vers les *ledanias* et les *sernas*[2] fixées pour le rendez-vous de chasse et où ils feront une halte (*folganza*).

Au second signal des trompes qui aura lieu à cinq heures du matin, viendront ensuite le *mesnadero* (capitaine du roi), les servants et les meutes des chiens. Ceux-ci

---

[1] *Prestamero* était un officier qui portait le nom de *commandant* sur les terres d'un seigneur, et le remplaçait en son absence, et celui de *capitaine* dans les chasses où il en exerçait les fonctions.

[2] *Ledania* signifie un village, un hameau ou la partie d'une vallée. — La *Serna* était un endroit isolé dans les montagnes, éloigné de toutes habitations.

seront couplés (*cogidos*) par quatre, six et huit, et non plus; ce qui serait contraire à nos règles sur la grande vénerie.

Il est, en outre, bien spécifié, que ces chiens soient de plusieurs races et dressés pour chaque espèce d'animaux qu'ils devront chasser, à savoir : chiens de montagne avec leurs *garrangas* (colliers de fer hérissé de pointes) pour la chasse à l'ours et au sanglier : chiens levriers et d'arrêt pour le chevreuil, le cerf et le lièvre; chiens courants également pour la chasse du lièvre, du cerf et du sanglier; chiens limiers (*podencos*) pour la chasse des grosses bêtes fauves.

Sachent les veneurs que c'est par le limier que doit commencer la recherche de la chasse. Celui-ci, conduit en laisse, découvrira le gîte de la bête, s'il est bien mené.

Pour ce, le valet (*labrador*), accompagné du piqueur (*mesnador*), prendra les devants, la veille de la chasse, en tenant les levriers très-courts attachés à une corroye qu'il aura à sa main. Puis il cherchera la trace de l'animal jusqu'à ce qu'il l'ait trouvée; il lâchera alors la corde en suivant la piste. Celle-ci retrouvée, et ses passes (*passadas*) reconnues, le *mesnador* viendra avertir le roi ou le chef qui dirige la chasse, quel qu'il soit, afin qu'il réunisse les veneurs en ce lieu, et, ce faisant, il aura accompli les devoirs d'un bon piqueur.

Au troisième signal des trompes, lequel aura lieu à six heures du matin, le roi, les richombres et les infanzones, montés sur leurs ginètes, sortiront de la ville se dirigeant en cavalcade (*cavalgada*)[1] au rendez-vous fixé pour la chasse.

En exécutant ces *paramientos*, grands

---

[1] *Cavalgada* a plusieurs autres significations. Il est pris également pour l'obligation qu'avaient les *Villanos* de marcher à la guerre avec leurs chevaux et de transporter avec eux les vivres et les farines. Ce que l'on appelait contribution de marche, homme et cheval (*correria de gente à caballo*).

seigneurs et veneurs auront fait leur devoir de gentilshommes (*cabaylleros*) et préparé une chasse heureuse, dont les résultats les combleront de joie et de félicité.

CHAPITRE III

Sachent tous que le chien est au chasseur ce que sont le vent au moulin, la
force au *labrador* (travailleur) et la vertu
(*lealdad*) à l'alcade. Pour ce, il importe
de bien choisir les chiens destinés à la
poursuite des bêtes sauvages et fauves, de
les élever convenablement et de les coupler avec intelligence. Un piqueur (*costiero*) habile saura distinguer la race du

chien, comprendra sa nature, et le dirigera sur sa voie qui est celle de la véritable chasse, en guidant son instinct seulement.

Tout chien doit être, comme il a été dit, approprié au genre de chasse qui lui convient. Celui-ci est de bonne garde autour des châteaux et des manoirs, et en écarte les loups qu'il poursuit jusque dans la montagne. Celui-là trouve la piste du chevreuil et du lièvre, les fait lever; cet autre les poursuit et les arrête dans la plaine. L'ours et le sanglier seront découverts par le limier, si le *costiero* sait bien le conduire en laisse, tandis que le gros chien navarrais les attaquera hardiment dans leur gîte.

Savoir choisir un chien de race quand il est jeune, l'élever pour le genre de chasse qui lui convient, telles sont les qualités que doit avoir un bon piqueur.

Pour cela, tout noble (*hidalgo*) de notre royaume qui se livrera au plaisir de la chasse et qui voudra en remplir les devoirs prescrits par nos *fueros,* devra avoir un chenil (*perrera*) qu'il surveillera avec soin.

Ce chenil sera dans un *cerca* (enclos) attenant au château, où ne pénétreront que le *costiero* et ses aides. Les chiens y seront élevés et soignés avec méthode, à savoir : les repas à heures fixes et les courses dans l'intérieur du *cerca*, deux fois par jour.

Ce n'est que lorsqu'ils auront grandi, à six mois au moins, et à un an au plus, qu'ils seront dressés au dehors du *cerca* et mis en liberté. La surveillance du *costiero* devra être alors, à leur égard, plus rigoureuse encore.

Le chien qui aura fauté (*faltar*) plusieurs fois, fait preuve de manque d'odorat ou se montrera rebelle aux enseignements du piqueur, devra être mis à l'écart (*quitar*) et regardé comme impropre à la chasse.

Une meute bien formée ne peut être

que l'œuvre du temps, de la patience et du savoir d'un piqueur habile et dévoué à sa profession.

C'est dans le couplement des chiens, au moment du départ de la chasse, que se montre l'habileté du *costiero*. Celui-ci, comme il a été dit, doit réunir les chiens par quatre, par six ou par huit. En les couplant de la sorte, il devra former chaque couplement de chiens qui appartiennent à la même espèce, ayant les mêmes instincts et portés à la même chasse.

Coupler un chien navarrais avec un limier, un chien courant avec un chien d'arrêt, ou un lévrier avec un chien de montagne, ne se peut ni ne se doit. La meute n'offrirait que désordre et confusion.

Le lancé (*corrida*) même de la meute devra être fait avec intelligence par le *mesnadero*. Il fera lancer sur la bête sauvage le couple qui est dans la nature et les

conditions de cette attaque; sur la bête
fauve, le couple dressé à la bête fauve ;
sur le loup, le renard, le lièvre et le lapereau, les couples dont les instincts, aidés
de la pratique acquise, les portent à se
jeter à leur suite. A chaque animal, le
chien son ennemi de race.

Les *costieros* ne doivent donc disposer
des couples de la meute qu'à bon escient
et d'après les ordres formels du capitaine
de la chasse. Ce point, bien observé et
avec des veneurs intelligents, la chasse ne
peut manquer d'être fructueuse (*buena*).

CHAPITRE IV

DES GRANDES ET DES PETITES CHASSES

Nous établissons par ce *fuero* auquel
se conformeront tous nos peuples (*pueblos*)[1] deux ordres de chasse la *grande* et
la *petite chasse*. L'une et l'autre imposent
des droits et des devoirs distincts que
nous allons faire connaître, selon qu'elles
se pratiquent sur la montagne ou dans la
plaine (*en mont o en yermo*).

[1] Le mot de *pueblos* se prend ordinairement pour les
habitants des villes, villages et hameaux, dans un sens
général.

La grande chasse,

La chasse est grande par les animaux qui la composent; ce sont : l'ours, le sanglier, le loup, le renard, le chat sauvage, animaux féroces et destructeurs; le cerf, le chevreuil et l'isard, animaux fauves (*animal montes*) que Dieu a donnés à l'homme pour servir à sa nourriture [1].

Cette chasse est grande encore par la qualité des personnes qui peuvent la pratiquer, le Très-Haut leur en ayant donné droit et fait un devoir.

Pour ce (*maguera*), le roi, les richombres, les infanzones et cabaylleros pourront seuls y prendre part. Il est donc interdit par nos *fueros*, à tout homme de condition inférieure, de se livrer à cette chasse sans commettre une forfaiture (*maldado*) et s'exposer aux peines (*calo-*

----

[1] Le texte porte l'énumération suivante : « *Animal montes, Corzo, Gamo, Cerratillo, Cabra montes,* etc. » C'est-à-dire, animal des montagnes, Cerf, Daim, Brocquart, Isard, etc

nias) qui sont portées contre les infracteurs, délinquants et malintentionnés.

Ces peines sont pour les *infanzones labradores* [1], la perte de leurs héritages et de leurs droits féodaux ; pour les *encartados* (villageois), également la perte de leurs biens ; pour tous autres, *ruanos* et *villanos*, ils seront *desnaturados* (perdront leurs qualités), sans préjudice des amendes et des peines corporelles portées dans nos *fueros*.

Les *solariegos* (vassaux seigneuriaux) trouvés et surpris délinquant, seront livrés à la justice de leur seigneur, qui devra répondre, à son tour, de leurs méfaits devant la justice du roi.

---

[1] On appelait *Infanzones labradores* ceux qui, nobles par leur naissance, possédaient des terres sujettes à un vasselage et pour lesquelles ils payaient une redevance au Roi. Ils ne pouvaient posséder ces terres dans leurs familles que jusqu'à la troisième génération. Ces redevances consistaient en quatre *robos* (mesures de blé, autant d'avoine et une *coca* (charge ou 120 litres) de vin.

Les petites chasses.

Sont dénommées petites chasses dans nos Ordonnances, celles qui comprennent le lièvre, le lapin, le lapereau (*gaʒapilo*), le canard et la poule d'eau, les palombes de passage, les perdrix, les bécasses et autres volatiles, déterminés dans ces mêmes Ordonnances.

Les seigneurs, *varones* (barons) et hommes de lignage peuvent se livrer à cette chasse; mais chacun sur l'étendue de ses terres seulement, à moins qu'il n'ait le consentement des autres seigneurs avec lesquels il pratiquera cette chasse sur leurs terres communes.

Ils n'emploieront à cette chasse que l'arbalète, le levrier et les chiens courants. Toutefois, il leur est interdit de faire usage de lacets (*lassos*), engins et autres appareils, ou instruments à prendre gibier (*venado*), autrement que dans les conditions indiquées par nos *fueros*.

Ainsi, le lièvre et le lapin ne seront chassés qu'à l'arbalète et aux chiens courants, de même que le canard, la poule d'eau et les palombes de passage. Ils n'établiront ni retz (*reth*), ni mailles, ni autres engins pour arrêter ces oiseaux et les détourner de leur vol régulier.

Ils ne pourront chasser la perdrix et la bécasse qu'en se conformant strictement aux prescriptions de nos *fueros* sur la chasse dont nos *paramientos* leur donnent une copie exacte (*fianza*).

Il leur est également interdit de chasser à *l'aztor*[1] et au faucon qui sont réservés, comme droit spécial, à la chasse des grands seigneurs de la cour, à moins d'être autorisés par nous à s'en servir. Dans ce cas, ils emprunteront *l'aztor* et le faucon à ceux qui ont le droit de les élever et de les lancer au vol.

---

[1] L'*Aztor*, dont il est question plus loin, nous paraît être l'*Emerillon*, oiseau de proie très-facile à dresser pour la chasse. Il est bien plus petit que le Faucon.

Les *villanos* et *ruanos* pourront se livrer à la petite chasse, mais seulement dans les landes, montagnes et bois non féodalisés qui se trouvent sur les frontières de notre royaume, à condition qu'ils en vendront le produit sur les marchés de Pampelune et des autres *comarcas* (villes centrales et de juridiction) de nos États.

Cette chasse leur est interdite sur les terres du roi et celles des seigneurs.

La chasse du loup et du renard leur sera également permise autour de leurs habitations, car ce sont bêtes méchantes et dangereuses. Mêmement (*tambien*) dans les bois, forêts et taillis plus éloignés ; mais dans ce cas, ils doivent être autorisés (*aprobados*) par leurs seigneurs, ou les maîtres de ces bois, forêts et taillis. Les produits de cette chasse seront partagés avec ces derniers ; lesquels consistent dans leurs fourrures. Non autrement.

CHAPITRE V

MANIÈRE DE DRESSER LE FAUCON ET L'AZTOR

Autrement est la chasse des volatiles
que celle des grosses bêtes. L'homme emploie sa force et son adresse contre celles-
ci ; l'*aztor* et le faucon contre ceux-là.
Grand plaisir et amusement est pour le
veneur cette chasse.

Toutefois (*però*), pour bien dresser
l'*aztor* et le faucon à prendre volatiles et
mêmes *lapereaux* (gazapos), il convient de

changer les instincts féroces de ces oiseaux de proie et les plier à la volonté et au service de l'homme.

Pour ce, il faut prendre l'*aztor* et le faucon dans leurs nids, avant qu'ils n'aient encore toutes leurs plumes et les élever dans la fauconnerie[1]. Leur nourriture consistera d'abord en une pâtée faite de farine de blé (*harina de trigo*) et de la chair hâchée de volatiles (*ar*), tels que pigeons, perdrix, poules d'eau (*gallinas agua*) et faisans[2].

A l'âge d'un mois, après avoir modifié insensiblement le mélange de la pâtée, en y mettant plus de viande que de la farine, on lui substitue des morceaux de bœuf ou du mouton coupés en bandes longues et étroites et on les laisse voltiger

[1] La *fauconnerie* était une vaste pièce en forme de hangar, contiguë au château ou au manoir seigneurial. Elle communiquait avec les appartements du rez-de-chaussée ; on l'appelait *Halconera*.

[2] Dans l'ancien idiome navarrais, mélange de castillan, de catalan, de basque et même de l'ancien français, le mot *ar* est un abréviatif du mot *aris*, oiseau.

en liberté dans la fauconnerie. La nourriture ne leur sera donnée que deux fois par jour et à des heures toujours fixes, ni avant, ni après. Pour bien les dresser à la chasse, cette dernière condition doit être strictement observée.

Le *comendero* [1] qui préside à leur dressage pourra, à l'âge d'un mois, ni plus tôt ni plus tard, commencer à les exercer à la volée pour l'attaque et le rapport du gibier. Ces exercices consistent en la manière suivante.

Le faucon ou l'*aztor* étant laissés en liberté dans la fauconnerie où ils se seront apprivoisés et pliés à la main et à la volonté du *comendero*, celui-ci attachera d'abord au plafond (*el cielo*) de la fauconnerie, au moyen d'une corde, un *leurre* ou simulacre d'oiseau sur lequel il mettra l'appât qu'ils s'habitueront à venir prendre.

---

[1] Le *Comendero* était un officier du Roi, qui remplissait dans ses châteaux les fonctions de maître ou chef de la fauconnerie. Il n'avait pas d'autres attributions que celles de cette charge.

Il substituera plus tard au *leurre* un pigeon, perdrix ou bécasse voltigeant dans l'espace. L'oiseau de proie s'y jettera dessus avec son bec et ses serres, entraîné par son instinct. Le *comendero* ramènera alors, avec la corde, l'oiseau de proie et sa victime, et le frappant de sa baguette (*varilla*) en prononçant ces mots *aẓi ! aẓi !* il lui fera lâcher sa proie.

Cet exercice renouvelé pendant un mois, le faucon, apprivoisé et obéissant au sifflet (*chiflo*), rapportera le gibier sans le déchirer.

Ce premier dressage dans l'intérieur de la fauconnerie est suivi d'un second qui le complétera. Le *comendero* transportera le faucon ou l'*aẓtor* en plein air, aux environs d'une des tours du château ou du manoir et attachera au sommet une proie vivante avec les mêmes procédés usités dans l'intérieur de la fauconnerie, et il les lancera dessus. A cette vue, le faucon s'élève rapidement dans l'espace et s'em-

pare du volatile : ils sont ramenés en-
semble jusqu'au sol par le *comendero*, se
saisissant aussitôt du gibier.

Cet exercice renouvelé ainsi pendant
quinze jours ou un mois, le faucon en
plein air et dans toute sa liberté sera
plié à sa nouvelle condition d'oiseau
chasseur.

Le maître fauconnier aura soin, dans
tous ces exercices de dressage, comme
dans le vol de la chasse en plein air, de
ne donner sa pâtée au faucon qu'à la fin
de la chasse qu'il aura faite à jeun. Le
dressage ou le lancé au vol, après son
repas, seraient exposés à des résultats
inutiles.

Une fois dressés, l'*aztor* et le faucon
doivent être traités familièrement (*usual*)
dans l'intérieur des habitations seigneuriales et devenir, en quelque sorte, les
commensaux des dames et des seigneurs
dont ils seront les favoris.

Toutefois, il est à savoir que l'*aztor* se

dresse encore plus facilement que le faucon, et que sur six *aztors*, quatre, au
moins, parviennent à un bon dressage,
tandis que sur quatre faucons, on ne peut
parvenir qu'à en élever deux. Aussi, faut-
il donner la préférence à l'*aztor* sur le
faucon [1].

[1] D'après cette observation de l'auteur des *Paramientos*, nous sommes portés à croire que l'*Aztor* ne
serait que l'*Emerillon*. Ce dernier est, en effet, comme
le Faucon, un oiseau de proie: mais plus petit et plus
docile. Il s'empare des pigeons, des perdrix et des
cailles qu'il enlève.

CHAPITRE VI

COMMENT SE PRATIQUAIENT LA CHASSE ROYALE

ET LA CHASSE DES GRANDS SEIGNEURS

Le lendemain du jour où l'ouverture de
la chasse a eu lieu par la cérémonie religieuse mentionnée dans les *Paramientos*,
alors que les Mesnaderos auront tout disposé pour le départ des veneurs et de leur
cortége, le roi et les grands seigneurs
attachés à sa personne se dirigeront, à
leur tour, au rendez-vous de la chasse.

Le départ aura lieu à six heures du
matin, dans l'ordre suivant.

Le Roi, l'Alfèrez, les Richombres, les Infanzones, montés sur leurs ginètes et précédés du *commendador* (grand-veneur), se dirigeront vers la *ledania* fixée pour le rendez-vous. Arrivés au poste désigné, tous mettront pied à terre et se porteront aussitôt dans la direction où les meutes sont à battre les bois, sur la piste (*huella*) de la bête qu'il s'agit de chasser. Les aboiements des chiens indiqueront l'endroit.

Si c'est un ours que rabattent les chiens et les labradores (valets) du Mesnador, le roi prend la tête de l'escorte et s'avance seul vers la retraite où les meutes rejettent l'animal poursuivi. C'est de l'habileté du Mesnador que dépendra le rabattage de l'animal que les gros chiens navarrais tiendront en arrêt, tout en ne cessant de le harceler.

Le roi s'avance alors à quinze pas de la bête traquée et tenue en haleine; puis, il lui décoche une première flèche. Celle-ci est suivie d'une seconde et d'une troisième, si besoin est (*desdi adelant*).

Si l'animal blessé et furieux fait mine de se jeter sur le roi, celui-ci le reçoit avec sa lance et emploie, à la dernière extrémité, pour l'abattre, son couteau de chasse. Les gens de l'escorte doivent rester spectateurs de la lutte, car c'est un honneur, pour le roi, d'avoir raison (*matar*) de la bête féroce. Ce n'est que dans le cas évident d'un danger presque certain, qu'ils se porteront à son secours; pas autrement (*se no nó*).

L'animal abattu, les villanos l'achèveront, si besoin est, à coups de pieu et de massue, et ils l'emporteront au premier poste de la chasse où il devra rester à la garde des *costieros* du *comendador* [1].

Quand il s'agit du sanglier débusqué de sa bauge, la première attaque doit être

---

[1] Les *Costieros* servaient ici de gardes et valets du Grand-Veneur (*Comendador*). Le Mesnador remplissait également, dans plusieurs cas, l'office de Capitaine-Veneur.

faite par les chiens, cet animal ne se laissant pas facilement aborder dans sa retraite. Ce n'est que lorsque les meutes sont à ses trousses, et dans sa course furibonde, que le roi le premier lui lance ses flèches, emploie le fer de sa lance et son couteau de chasse, le cas échéant.

Pour le sanglier, il sera fait et procédé comme il est dit au sujet de l'ours. Le sanglier et l'ours ne se chassent qu'en pleine montagne.

Il est autrement procédé pour chasser le cerf et le chevreuil. C'est à cheval que le roi et les nobles de son cortége doivent se porter à sa rencontre. *Déhuché* de sa remise par les chiens qui le ramènent en plaine ou en vallée, le roi monté sur son ginète va, à son abord, lui couper la retraite. C'est avec la lance qu'il l'attaque, rarement avec la flèche. Les seigneurs du cortége, à l'affût sur son passage, emploient seuls l'arbalète pour le tirer. Le roi fait usage souvent de son couteau de chasse pour frapper le cerf à la tête et lui couper le jarret des jambes d'arrière. Ce qui exige une grande promptitude et beaucoup d'adresse.

La chasse heureusement terminée, le roi et les nobles rendront grâces à Dieu par une courte prière; les trompes sonneront la retraite et le cortége rentrera au château voisin qui aura été préparé pour les recevoir.

Sachent les varons (*varones*) [1], châtelains et seigneurs dont les demeures féodales (*pleyteadas*) s'élèvent sur le parcours de la chasse, qu'ils doivent héberger le roi et sa suite et lui faire les honneurs de leurs manoirs. C'est un droit et une redevance que se sont toujours réservés nos prédécesseurs, notamment l'*empereur* Garcias, notre aïeul, que Dieu tienne son

[1] Les *varones* ou *vayones*, dans l'idiome navarrais, composaient une noblesse qui était intermédiaire entre les infanzones et les *labradores solariegos*. Ils ne payaient de redevances qu'au roi pour les terres qu'ils possédaient et qui portaient le titre de *vayonas*, ressemblant à celui de *baronies*, en France.

âme au ciel ! que nous nous sommes réservés, nous-même, dans nos *fueros* et
que nous confirmons à nouveau dans ces
paramientos.

Nonobstant ce droit d'*albergue* et
d'abri (*posada*), le Comendador, chef de la
chasse, aura fait provision de vivres pour
trois jours, afin de nourrir tous les veneurs
de rang noble ; également les valets, les
piqueurs et les chiens ; toutes les gens
attachés à la *correria* (chasse), en suivant
pour la distribution des vivres un ordre
décroissant. Aux richombres, les viandes,
les rôtis et les pâtés froids ; aux mesna-
dores, piqueurs et premiers valets, les
viandes chaudes et salées ; aux autres
villanos, les *assadas* (viandes hachées), le
fromage ; et tous auront du vin de Navarre
qui donne des forces.

Il est prescrit de temps ancien et nous
prescrivons encore, que la chasse aux
bêtes féroces et aux fauves par les grands
seigneurs de notre royaume de Navarre,

soit réglée d'après celle que le roi fait en personne.

Dans cette chasse, le richombre de premier ordre la dirigera avec ses pairs et ses vassaux, comme le roi le fait dans sa chasse royale. Il use des mêmes prérogatives et des mêmes attributions à l'égard de ses co-grands vassaux que le roi lui-même. Pendant les trois jours des chasses seigneuriales et dans toutes les autres chasses semblables, il tiendra l'honneur de la *seynal*[1].

La chasse aux loups et aux renards n'est pas du domaine, ni de droit seigneurial ; elle est uniquement réservée aux *villanos*, qui avec le consentement de leurs suzerains, procèdent à la destruction de ces animaux dangereux et malfaisants.

---

[1] La *seynal* était un étendard représentant les armes du Roi, et que l'on plantait au milieu des populations ou villages qui payaient redevances au Roi, afin de les distinguer de ceux qui étaient les vassaux d'un simple seigneur. Le richombre qui tenait la place du Roi *(honor)* était dit avoir la *seynal*. C'est la signification qu'il faut donner à ce mot.

Ainsi est-il établi par ce *fuero*, parce que cette chasse n'a par elle-même aucun caractère de noblesse (*no tenian hidalguia*).

Les *villanos* et *ruanos* qui se livreront à la chasse des loups et des renards devront être autorisés à cette fin, par les seigneurs des terres sur lesquelles ils la pratiqueront au moyen d'engins (*emeyos*), traquenards, pinces et lacets. Toutes autres armes, excepté le pieu, leur sont interdites. De plus, sur tous les loups et renards qu'ils prendront, une peau sur cinq sera donnée au seigneur de la terre, comme tribut féodal (*peyta*).

Tout villano qui ne payera pas ce tribut, ou qui cherchera à s'y soustraire frauduleusement (*de mala fealdat*), sera condamné à une amende (*calonia*) de LX maravedis[1].

---

[1] Le *maravedis* était la même monnaie que le sou (*sueldo*). Il valait ordinairement le tiers d'une once d'or ou d'argent, et il y en avait des deux métaux. L'once d'argent représentait trois réaux, onze maravedis et un tiers de vellon ; l'once d'or, au contraire, valait cinquante-neuf réaux, onze maravedis et un tiers de

Nous établissons également par ce *fuero* que la chasse à *l'aztor* et au faucon est et demeure exclusivement réservée au roi, aux richombres, aux dames (*dueynas*) et demoiselles (*doncellas*) de sa cour. Les infanzones et cabaylleros, leurs épouses et leurs filles ne pourront s'y livrer qu'avec le consentement du roi ou de son *procurador*, ainsi qu'il a été toujours d'usage et pratiqué par nos ancêtres dans le royaume et sur les terres de Navarre. Ainsi l'a prescrit dans ses Ordonnances don Garcias, notre aïeul, de haute et respectable mémoire; Ordonnances que nous confirmons de nouveau dans ces *paramientos*.

maravedis. Quand on n'indiquait pas le métal, le maravedis était d'argent. En somme, un maravedis d'argent représentait un réal et quatre maravedis, à peu près 29 *centimes* de la monnaie française. — Le maravedis d'or représentait environ vingt réaux et quatre maravedis, soit 5 *francs et 2 centimes*. L'amende dont il est question ici représentait environ 18 *francs* de la monnaie française.

CHAPITRE VII

CÉRÉMONIES ET FÊTES QUI TERMINAIENT LES GRANDES

CHASSES

Le troisième jour où les grandes chasses devront prendre fin, au soleil couchant et en quelque endroit des montagnes, des vallées et des plaines que se trouvent les veneurs, les trompes sonneront la retraite. A cet appel, tous les veneurs, les meutes et gens de la *correria* se réuniront à l'endroit de la *comarca* (circonscription) qui aura été désigné par notre *Comendador*, afin de procéder au retour.

En tête, seront les joueurs de trompes, de boudegue (*bodèga*), de tambourin et de fifres [1] qui feront retentir (*echare*) des airs navarrais.

Viendront ensuite, montés sur leurs chevaux, l'Alférez, le Comendador et le Mesnador en costumes de chasse; puis, le roi, entouré de ses richombres et infanzones, également habillés et armés en chasse, le roi excepté qui ne portera que le couteau de chasse attaché à sa ceinture.

Viendront, enfin, les villanos, soliriegos, labradores et ruanos, avec tous les équipages de vénerie, chariots et meutes sous la conduite d'un Prestamero. Sur les chariots (*carros*) seront placées les bêtes tuées (*matadas*), entourées de branches de verdure.

A l'arrivée de la côte de San Salvador

[1] Cette ancienne musique subsiste encore dans la Navarre et les provinces basques. L'instrument se nommait *pifano*.

et au moment où le cortége fera son entrée dans Pampelune, les cloches des églises sonneront à toute volée (*à ruelo*), les ruanos allumeront des torches (*faynas*) sur le parcours des veneurs, et les *ceilleros* joueront des airs de victoire.

Au château du roi et dans la grande cour (*patio*), où se réuniront pour la *folganza* (pause ou repos), les veneurs, les gens et les meutes, seront amenés les chariots sur lesquels sont placés les produits de la chasse. Les musiciens recommenceront à jouer des airs navarrais; après quoi, le roi et les grands seigneurs se retireront dans les chambres du château qui auront été disposées pour les recevoir.

En ce moment, les officiers tranchants (*tajoneros*) procéderont au partage des animaux tués, conformément à nos Ordonnances.

De l'ours, la peau revient de droit au roi et le *pescuezo* (collet) à l'Alfèrez. Les autres membres seront distribués à nos

richombres d'après leur rang, en choisis-
sant les morceaux de l'animal selon leur
valeur et leur délicatesse (*delgados*). Les
filets viendront avant les côtes ; les côtes
avant le jambon (*pernil*), et après celui-ci
les autres parties de la bête [1].

Du sanglier, la hure est réservée au roi,
le *pescuezo* à l'Alferez, et des quartiers,
chacun ou une part de chacun, aux richombres et infanzones, sous l'inspection
et la surveillance du mesnador de la
chasse.

Du chevreuil et du cerf, un cuissot
seulement reviendra au roi ; le pescuezo
au Comendador ; les filets aux infanzones
et cabaylleros qui ont pris part et assisté
à la chasse.

La curée (*ralea*) terminée, les labradores et villanos étant payés (*soldados*),
rentreront dans leurs domiciles (*caserios*),

---

[1] D'après ces détails, on voit que la chair de l'ours était
comestible chez les Navarrais, à l'époque du règne de
don Sancho le *Sage*.

en emportant avec eux la part de la chasse que le mesnador leur aura donnée ; et les meutes rentreront dans leur chenil (*pocilga*), non sans avoir eu aussi leur part de venaison.

La part des chiens et des levriers surtout, doit être largement faite. La chair de la bête les excitera à mieux la poursuivre. Pour ce, afin d'exciter leur odorat, on leur donnera les lombes, les intestins, la rate, le foie et le mou coupés en morceaux, cuits et mélangés dans le sang de l'animal tué. Le tout, sur la peau, si c'est un cerf, et sur des plateaux, si c'est un sanglier ou toute autre bête féroce. Cette curée devra être dirigée par le Comendador et non par des valets.

Après quoi, les chasseurs remercieront le ciel de la protection et de la bonne fortune qu'il leur aura accordées ; ils iront prendre le repos dont ils auront bien besoin, après les trois jours de plaisirs et de fatigues qu'ils auront passés à la poursuite des bêtes sauvages et fauves. Que le seigneur, Dieu tout-puissant, leur en tienne compte pour la santé de leurs corps et le salut de leurs âmes! Amen.

CHAPITRE VIII

---

[1] Le mot de *règlements* conviendrait mieux à ce titre que celui d'*ordonnances*. Nous faisons observer, toute fois, que dans ses prescriptions législatives le roi don Sancho le *Sage* emploie indistinctement les mots : *fueros, ordennanzas* et *paramientos*.

Celui qui chasse le sanglier, le cerf ou le chevreuil
(*corzo*), et qui les blesse le premier, que doit-il avoir?

Le chasseur qui, dans la montagne, blesse le premier le sanglier, celui-là doit avoir la tête et le collet (*pescuezo*). Tout homme qui blesse avec son arbalète ou avec sa lance un cerf ou un chevreuil, doit avoir le cuir et la moitié de la chair ; mais si d'autres les tuent (*matan*), ceux-ci auront également le cuir avec les anches (*ancas*) et la moitié de la chair [1].

CAPITULO II.

Que doit avoir celui qui chasse la bête dans une lande *(yermo)*. et qui est tuée dans un village *(en poplado)* ?

Si quelqu'un est allé chasser avec des chiens et tire la bête dans une lande, et qu'il la tue, la bête tout entière lui appartient ; mais si la bête s'est dirigée vers un village et que les habitants du lieu la tuent avant que le chasseur, qui est à sa poursuite, n'ait pu l'atteindre lui-même, celui-ci n'aura que le cuir et la moitié de la chair [2].

[1] Cet article semble renfermer une contradiction entre celui qui blesse la bête et celui qui la tue ; l'un et l'autre devant avoir la peau. Cette contradiction s'explique en ce qu'elle ne concerne que le cerf dont le cuir appartient seulement à celui qui l'a tué.

[2] Il est à remarquer que dans cet article, il n'est pas question de la part réservée aux habitants qui ont tué le gibier. par la raison qu'ils n'avaient pas droit de chasses. Il est présumable que l'autre moitié de l'animal appartenait au seigneur de la localité Mais l'ordonnance n'en dit rien.

CAPITULO III.

Que doit-il arriver si des chasseurs entrent dans un
enclos *(cepo)*; et à quelle obligation est soumis celui
qui prête son enclos pour la chasse, s'il survient
quelque malheur ?

Toute chasse qui se fait dans un enclos
(cepo) [1], garni de traquenards sans autori-
sation du propriétaire du *cepo*, le produit
de la chasse appartient tout entier à ce
dernier ; mais si quelqu'un a disposé
(para) [2] un *cepo* pour la chasse et que le
veneur *(montero)* ou son mandataire
vienne lui dire qu'il va chasser avec ses
hommes, ses chevaux et ses chiens, que
le *cepo* soit disponible ou non, si le *montero* y fait la chasse avec ses hommes, ses
chevaux et ses chiens, et qu'il arrive un
malheur ou un accident à quelqu'un de
ces derniers, le seigneur du *cepo* est tenu

[1] Le mot *cepo* doit s'entendre ici d'un traquenard
pour les loups, placé dans des parcs, bois ou des
champs fermés par des haies ou autres clôtures na-
turelles.

[2] Ce mot *para* peut signifier dans ce passage *louer*
ou *prêter*.

de soigner, nourrir et donner l'avoine, jusqu'à ce qu'ils soient guéris. Et s'il meurt un homme, ou un cheval, ou un chien, le seigneur du *cepo* doit réparer le mal fait (*el mal fecho*) et le dédommager selon qu'il sera établi en justice.

CAPITULO IV.

Comme quoi il est interdit de tendre des lacets autour d'un colombier *(palonbar)*.

Nul ne peut tendre des lacets (*laços*) le long des murs d'un colombier, dans toute l'étendue comprise par l'ombre au soleil que projettent ces murs tout à l'entour. Celui qui tendra ses lacets dans cet espace payera l'amende stipulée dans le *fuero* (*como fuero manda*).

CAPITULO V.

Quelle est l'amende que doit payer celui qui tend des lacets le long des colombiers ?

En conséquence (*otrossi*), tout homme qui tend des lacets à prendre des pigeons

(*palonbas*), devra payer V sous (*sueldos*)
pour l'amende, et, en outre, V sous pour
chaque pigeon qu'il aura pris. La moitié
de l'amende reviendra au roi, et l'autre
moitié de l'amende à celui qui a dénoncé
ou fait prendre le délinquant. Le *costiero* [1]
n'a point de part à cette amende, si ce
n'est pas lui qui ait surpris le coupable.

CAPITULO VI.

Quelle amende doit payer celui qui tend des rets
(*reth*) à pigeons ?

Tout homme qui tend des rets (*reth*) [2] à
palombes sera condamné à LX sous

---

[1] Le *costiero* était un garde champêtre dont les fonctions consistaient à surveiller les bestiaux dans les montagnes, les champs, etc. Il existait des *costieros* pour la surveillance dans les campagnes et des *costieros* pour la ville.

[2] La différence entre les lacets *lazos* et les rets (*reth*) était celle-ci : les *lacets* ne se composaient que de crins formant un nœud coulant et plantés en terre au moyen d'un petit bâton ; tandis que les *reths* étaient des filets d'une assez grande dimension. Aussi, l'amende était-elle plus forte pour ceux qui posaient des rets que pour ceux qui employaient des lacets, comme on le voit dans cet article.

(*sueldos*) d'amende, et s'il a pris des palombes, il payera V sous d'amende pour chacune. Mais, toutefois, si c'est un infanzon ou un villano qui pose des rets et que la preuve en soit faite, la moitié de l'amende appartiendra à celui qui l'aura surpris, et l'autre moitié au roi.

CAPITULO VII.

A quelle amende doit être condamné celui qui tend des rets, des lacets, des tirasses *(cosuelos)* et des quatre de chiffres (*losas*) pour prendre des perdrix?

Nul ne doit préparer des rets pour prendre des perdrix, et s'il tend des rets, il sera condamné à payer IX sous d'amende; s'il tend des tirasses ou filets, à X sous; si c'est un quatre de chiffres (*losa*) [1], à V sous d'amende; si c'est des lacets, également à V sous d'amende. De plus, il payera V sous d'amende pour chaque perdrix qu'il aura prise.

[1] La *losa* était une espèce de chausse-trape en forme du chiffre 4, d'où nous avons fait en français le mot de quatre de chiffres, qui servait à prendre des oiseaux. — Les *cosuelos* étaient des filets en forme de tirasses.

Et cela, parce que les perdrix sont très-recherchées des rois et de leurs nobles (*fidalgos*) qui les conservent pour les chasser sur leurs terres. Or, les rois et les autres seigneurs ne pourraient élever ni chiens ni oiseaux pour cette chasse, si le peuple (*pueblo*) se livrait à la petite chasse (*las caʒas menoras*) au moyen d'engins destructeurs.

CAPITULO VIII.

Quelle est la chasse permise au paysan (*villano*) et quelle est celle qui lui est interdite? Quelle doit être son intervention pendant une grande chasse?

Aucun paysan (*villano*) ne peut chasser, même avec un bâton (*tocho*), si ce n'est les bêtes sauvages, telles que le sanglier, le cerf et le chevreuil. Et si dans l'intervalle qu'il chasse au bâton, il arrive un chasseur ou un chien de chasseur, qui poursuivent les mêmes bêtes, et qu'une d'entre elles soit tuée dans le village, le paysan ou les paysans ne maltraiteront point les chiens et ne renverront pas à un autre jour le partage de la chasse; mais donneront immédiatement (*assi*) leur part aux chasseurs; et si, par aventure, en faisant les parts, les paysans ne donnaient pas la part qui est due, ils seraient condamnés à donner comme amende une vache pleine (*peynaduera*).

Nul ne peut prendre des perdrix au faucon ni à l'*aztor* (émerillon), ni d'aucune manière, ni lièvre, ni se livrer à aucune autre sorte de chasse. Et si un chasseur a fait lever un lièvre au repos (*a raposo*) et qu'il le poursuive avec ses chiens, et qu'un autre tue le lièvre, on ne doit pas prendre le lièvre au chasseur qui le poursuit, mais le lui rendre aussitôt (*luego*). Il en est de même si d'autres chasseurs tuaient le lièvre, ils doivent le rendre à celui qui le poursuit, en conduisant la chasse avant eux [1].

---

[1] On voit par ce chapitre VIII que don Sancho interdisait formellement la chasse à tous ceux qui n'étaient

CAPITULO IX.

A quelle amende doit être condamné le paysan *(villano)* qui prend des oiseaux inoffensifs *(mansas)* et des chiens, ou les tue ?

Tout paysan *(villano)* ou travailleur *(labrador)* qui prend des oiseaux inoffensifs *(mansas)*[1], ou les tue, doit payer une amende spécifiée dans ce *fuero*, pour sa capture, et une autre pour l'avoir tué. Mais s'il déclare que pour cela faire, il a été autorisé par son suzerain *(seynor)*, et que celui-ci vienne l'attester, le paysan ou le travailleur seront quittes de toute amende *(deve ser quito)*.

Que nul ne soit assez osé *(sea osado)* de prendre ou tuer des perdrix, depuis le moment qu'elles pondent jusqu'à ce qu'elles aient élevé leurs petits ; celui qui les tuera

pas d'origine noble. Le deuxième paragraphe indique également que les nobles eux-mêmes n'avaient pas le droit de chasser au faucon et à l'émerillon ; mais qu'ils pouvaient chasser le lièvre.

[1] Ce mot de *mansa*, qui signifie *doux, bénin, inoffensif*, doit s'entendre non-seulement des oiseaux non féroces, mais encore des volatiles domestiques.

6

ou prendra les œufs, sera condamné à une amende de LX sous pour le roi.

Celui qui prendra un volatile et qui demande ensuite à son suzerain s'il veut le lui donner, et que celui-ci réponde négativement, il sera condamné à payer l'amende porté dans le *fuero*. Mais si le paysan déclare qu'il a été autorisé à prendre le volatile par quelque noble de la contrée (*comarea*), et que ce dernier vienne l'affirmer, il sera affranchi de toute amende. Si le noble (*fidalgo*) le nie, le paysan payera l'amende.

De même (*otrossi*), si un paysan vole (*prende*) des chiens de chasse, il sera condamné à une amende comme pour les volatiles, et cette amende sera proportionnée selon la race des chiens, s'ils sont levriers (*galgos*), chiens dogues (*alanos*), ou chiens courants (*podencos*) [1], ainsi qu'il est déterminé dans notre *fuero*.

---

[1] Le chien *galgo* est le véritable levrier ; le chien *alano* ou chien dogue, ou de Navarre, était propre à la

Et si un noble prend un volatile en chassant et qu'il le perde en route, il doit payer une amende, et s'il dit qu'il l'a trouvé en allant à la chasse, et qu'il le prouve, il sera affranchi de toute amende [1].

CAPITULO X.

Quelle amende doit payer celui qui vole un chien de chasse, un màtin *(mastin)* et autres chiens ?

Celui qui vole un levrier *(galgo)* qui chasse, et qui porte à son cou un collier avec marques ou signes *(sorticylla)* [2], devra payer une amende de C sous. Celui qui vole un chien dogue ou navarrais, ou un chien *galgo* sans collier, payera LX sous d'amende.

chasse du sanglier, et le chien *podenco* était dressé à la chasse du lièvre et du lapin, c'est celui que nous appelons chien courant et basset.

[1] Ce paragraphe du *fuero* devait donner lieu à beaucoup de supercheries de la part des *fidalgos* chasseurs.

[2] *Sorticylla* était un collier portant des signes, écusson, blason ou toute autre inscription indiquant à qui appartenait le chien.

Celui qui vole un chien levrier (*podenco*) qui chasse, sera condamné à une amende triple de celle du chien dogue.

Celui qui vole un mâtin (*mastin*) qui garde les troupeaux et les détourne des garrigues, doit payer LX sous d'amende.

Celui qui vole un mâtin (*mastin*) ou chien de garde qui aboie pendant le jour, attaché à une chaîne (*cadena*), devra payer LX sous d'amende. Celui qui vole tout autre chien, ne payera que V sous d'amende [1]. Toutes ces amendes appartiennent au maître des chiens.

CAPITULO XI.

Quelle amende doit payer celui qui vole et qui tue en même temps les chiens dont il est parlé ci-dessus ?

Celui qui vole et tue en même temps un *galgo* portant un collier avec une marque, payera C sous d'amende ; si le *galgo* volé

---

[1] On peut voir par cette nomenclature que la race des chiens de chasse et de garde, au XIIe siècle, était presque la même que celle que nous avons de nos jours. Elle n'a guère été modifiée.

et tué se trouve à la chasse, l'amende ne sera que de LX sous. Celui qui vole et tue également un *alano* qui chasse, payera LX sous d'amende.

CAPITULO XII.

A quelle amende doit être condamné celui qui vole un aztor ou un faucon?

Tout homme qui vole un *aztor* descendu de son perchoir ou qui est à la chasse, doit payer C sous d'amende, ou s'il a changé de plumes (*mudado*), il payera C sous pour chaque mue [1]. S'il vole un faucon, l'amende ne sera que de L sous, et, si le faucon a mué, il payera de plus L sous pour chaque mue.

CAPITULO XIII.

Quelle amende doit payer celui qui vole un *gavillan* (épervier) ?

Celui qui vole un épervier (*gavillan*), payera XX sous d'amende, et, s'il a mué,

[1] *Muer*, changer de plumes, du verbe *mudar*.

il payera de plus XX sous pour chaque mue, comme il a été dit pour les oiseaux ci-dessus [1].

De toutes ces amendes, la moitié revient au roi et l'autre moitié à ceux qui ont éprouvé la perte de ces animaux, ou bien à ceux qui ont fait découvrir les auteurs de ces méfaits.

Nous maintenons ainsi (*tal*) la rigueur de ce *fuero*, parce que les *fidalgos* (nobles) se montrent plus irrités (*aontados*) de la perte des chiens que de tous autres animaux et qu'ils se font, pour cela, entre eux, de grandes cruautés (*grandes cruezas*)[2].

CAPITULO XIV et dernier.

Relativement aux amendes et aux tributs qui doivent être payés pour ces faits de chasse, nous établissons que tout

[1] Cet article démontre que l'on dressait pour la chasse l'épervier, comme l'aztor et le faucon.

[2] On peut voir par ce paragraphe des *Paramientos* qu'elle devait être la passion des nobles pour la chasse.

yfanson qui va en pèlerinage (*romeria*) ne sera obligé de les payer qu'à son retour. S'il va à Saint-Jaime, il peut être tranquille (*ser seguro*) pendant un mois; à Rocamadour, pendant quinze jours; à Rome, pendant trois mois; à Outremer, pendant une année, et à Jérusalem, pendant une année et demie [1].

[1] Cet article donne une idée des mœurs de cette époque.

DÉTAILS D'UNE CHASSE EFFECTUÉE

PAR LE ROI

DON SANCHO LE *SAGE*, L'ANNÉE 1165[1]

Ceux-ci sont (*estos son*) les détails des
chasses que don Sancho, roi de Navarre
fit avec les seigneurs de sa cour, pendant
l'hiver de l'année 1165, dans les montagnes de Roncevaux (*Ronçasvallis*) et de
Roncale, en compagnie des richombres
et nobles Pierre Tizon, seigneur d'Estella
(*Stella*) et Montaigut, d'Alfonse Tena,
seigneur de Roncal, de Garceyx, seigneur
de Biel et de Filera (*Fitera*, sans doute);
des richombres don Johan Corvaran de

---

[1] Cette note se trouve écrite à la fin des *Paramientos*
et semble en être la conclusion naturelle.

Leth; don Johan Martiniz de Medrano;
don Pedro Sanchiz de Montagut ; don
Pedro Xemeniz de Merifuentes; de los
cavaylleros Martin Ferrandiz de Sar-
raza, etc, etc.

En tout trente-huit chasseurs, non com-
pris les maîtres-veneurs, valets, labradores et six meutes couplées de dix chiens
pour sangliers, ours, cerfs, lièvres et
lapins, conduites par les premiers *mesna-
dores* de la contrée.

Pendant les quatre grandes chasses
faites le 6 novembre, le 10 décembre, le
5 janvier et le 8 mars de cette année 1165,
la chasse étant dirigée par très-illustre
et très-sage (*sabios*) don Sancho, roi de
Navarre [1], que Dieu ait son âme (*Dios aya*

1 Voici ce qu'il est dit dans une chronologie manu-
scrite, portant la date de l'année 1274, qui se trouve
aux archives de Pampelune, au sujet du roi don Sancho : « Anno Domini M. C. XC. IIII obiit pie recorda-
» tionis Santius illustris rex Navarre vir magne sa-
» piencie quinto calendas Julii, qui in elevatione sua
» forum juravit, confirmavit et melioravit. »

su alma), il a été tué (*mata venando*), tant en grande qu'en petite chasse.

14 ours;
16 sangliers;
22 cerfs;
15 chevreuils;
12 isards;
44 lièvres :
65 faisans, coqs-de-bruyère et autres;

En tout 188 pièces de gibier transportées au château de Pampelune où la vérification a été faite par le *procurador* du roi et transcrite sur ce registre par don Fray Pedro [1].

---

[1] Fray don Pedro exerçait les fonctions de greffier ou secrétaire de la Cour (*cort*) du roi. C'était toujours, à cette époque, un religieux qui exerçait ces fonctions.

FIN

TABLE DES MATIÈRES

ENCYCLOPÉDIE DU SPORTSMAN

ALOUETTES. — Le chasseur d'alouettes au miroir et au fusil, par NÉRÉE QUÉPAT. 1 vol. in-18 orné de figures.. 1 50

BÉCASSE. — Le chasseur à la bécasse, par POLET DE FAVEAUX. 1 vol. in-18 orné de 35 figures dans le texte.. 3 50
 Le même, sur papier vergé, tiré à 25 exemplaires........................ 7 fr.

BÉCASSE. — Pour la chasser, par G. DUWARNET. 1 vol. in-18................ 3 50

CHASSE. — Soixante années de chasse. Pratique de la chasse, par J.-A. CLAMART. 2e édit. 1 vol. in-18 orné de figures.. 3 50

CHASSE. — *Los Paramientos de la Caza*, ou règlements sur la chasse en général, par DON SANCHO LE SAGE, roi de Navarre, publiés en l'année 1180, avec introduction et notes du traducteur. 1 vol. in-18.. 2 fr.

CHASSE A COURRE ET A TIR, par A. DE LA RUE, inspecteur des forêts de l'Etat, et le marquis DE CHERVILLE. 2 vol. in-8 ornés de figures dans le texte.............. 20 fr.
 Le même, sur papier vergé, tiré à 50 exemplaires........................ 40 fr.

CHASSE AUX PETITS OISEAUX. — Manuel du tendeur, par J. GRAHAY. 2e édition. 1 vol. in-18 orné de 13 figures.. 1 50

CHASSE DE GASTON PHŒBUS (La), comte de Foix, collationnée sur un manuscrit ayant appartenu à Jean Ier de Foix, avec des notes et la vie de Gaston Phœbus, par JOSEPH LAVALLÉE. 1 vol. in-8 orné de 13 fig... 20 fr.

CHASSE ROYALE (La), divisée en IV parties, qui contiennent les chasses du Cerf, du Lièvre, du Chevreuil, du Sanglier, du Loup et du Renard, etc., par messire ROBERT DE SALNOVE. 1 vol. grand in-8, papier fort.................................... 20 fr.
 Le même ouvrage, papier ordinaire.................................... 15 fr.

CHASSEUR INFAILLIBLE (Le). — Guide complet du sportsman, contenant l'usage du fusil, le tir, le vol des oiseaux, le dressage des chiens, par MARKSMAN, traduit de l'anglais sur la 3e édition ; augmenté d'un appendice sur le tir de la caille, des oiseaux de marais et du gibier de mer ; suivi de la loi sur la chasse. 1 vol. in-18 orné de figures.......... 3 50

CHEVAL DE SERVICE. — Production, élevage et dressage, par EPHREM HOUEL. In-18. 1 fr.

CHEVAUX. — Conseils aux acheteurs de chevaux, ou Traité de la conformation extérieure du cheval à l'état de santé ou de maladie, avec de nombreuses instructions pour l'appréciation, avant la vente, des vices, défauts, affections, etc., par JOHN STEWART, suivi de la loi sur les vices rédhibitoires et la garantie du vendeur. 1 vol. in-18 orné de fig........ 3 50

CHEVAUX. — Conseils aux éleveurs de chevaux, par DU HAYS. 1 vol. in-18. Fig.... 3 50

CHEVAUX DE CHASSE. — Leur condition en France, par le comte LE COUTEULX. 2e édit. in-18.. 1 fr.

CHIEN DE CHASSE (Du). Chiens d'arrêt, espèces et variétés, élevage, hygiène, nourriture, maladies, éducation, dressage, extrait du *Nouveau traité des Chasses à courre et à tir*. 1 vol. in-18 avec figures.. 2 50
 Le même, sur papier vergé, tiré à 50 exemplaires........................ 5 fr.

CHIEN DE CHASSE (Du). Chiens courants, espèces et variétés, élevage, hygiène, nourriture, maladies, éducation, dressage, extrait du *Nouveau traité des Chasses à courre et à tir*. 1 vol. in-18 avec fig. et un plan de chenil chromo-lithographié................ 3 50
 Le même, sur papier vergé, tiré à 50 exemplaires........................ 7 fr.

ÉCURIE. — Economie de l'écurie. Traité de l'entretien et du traitement des chevaux (écurie, pansage, nourriture, boisson, travail), par JOHN STEWART, traduit de l'anglais sur la 7e édition, par le baron d'HANENS. 1 vol. in-18 orné de figures.................... 3 50

PÊCHE A LA LIGNE. — Conseils par CH. JOBEY. 1 vol. in-18 orné de 35 fig. dans le texte.. 2 fr.

VÉNERIE, par d'YAUVILLE. 1 vol. grand in-8, papier vélin, orné de 4 grandes gravures hors texte, de 9 fig. médaillons, et accompagné de 42 fanfares...................... 20 fr.

CAILLES, PERDRIX, COLINS ou CAILLES D'AMÉRIQUE. — Guide pratique pour les élever, etc., par ALLARY. Nouvelle édition. 1 vol. in-18. Fig....................... 2 fr.

CHASSE. — Carnet de chasse. In-18 oblong, cartonné, toile anglaise.............. 2 50

FAISANS, CANARDS MANDARINS et de la CAROLINE, CYGNES, etc. Guide pour les élever, par ALFRED TOUCHARD (Arthur Legrand). 2e édit. 1 vol. in-18 avec figures... 2 fr.

FAISANS ET PERDREAUX. Précis sur la manière de les élever. 1 vol. in-18 orné de fig.
                     2 fr.
 Réimpression de l'ouvrage original publié en MDCCLXXII.

OISEAUX DE VOLIÈRE (*Manuel de l'amateur des*), ou Instruction pour connaître, élever, conserver et guérir toutes les espèces d'oiseaux que l'on aime à garder en volière ou dans la chambre, par BECHSTEIN. Nouvelle édition. 1 vol. in-18 orné de fig. dans le texte.. 3 50

www.ingramcontent.com/pod-product-compliance
Lightning Source LLC
LaVergne TN
LVHW021902170726
843503LV00003B/1361